河北省第四届（邯郸）园林博览会规划设计

THE PLANNING AND DESIGN OF THE 4TH (HANDAN) GARDEN EXPO OF HEBEI PROVINCE

《河北省第四届（邯郸）园林博览会规划设计》编委会 编

中国林业出版社
China Forestry Publishing House

图书在版编目（CIP）数据

河北省第四届（邯郸）园林博览会规划设计 /《河北省第四届（邯郸）园林博览会规划设计》编委会编. --
北京：中国林业出版社, 2021.5
ISBN 978-7-5219-1072-8

Ⅰ. ①河… Ⅱ. ①河… Ⅲ. ①园林艺术－河北－文集Ⅳ.
①TU986.622.2-53

中国版本图书馆CIP数据核字(2021)第041424号

《河北省第四届（邯郸）园林博览会规划设计》编委会

名誉主任： 康彦民　张维亮
主　　任： 李贤明　潘利军　杜树杰　王彦清
副 主 任： 朱卫荣　王　哲　温炎涛　陈玉建

主　　编： 岳　晓　李少锋　白建功　李　杰　李同强
副 主 编： 王　旭　朱新宇　武荣芳　赵慧菊
执行主编： 齐凤华　张　翀
编写人员： 王如安　李振刚　张生峰　黄海玲
视觉总监： 张晓鸣
图片提供： 张晓鸣　杨振嵩

文字编辑： 李　娜　李　清
美术编辑： 王　婷
策划执行： 北京山水风景科技发展有限公司

中国林业出版社 · 建筑家居分社
责任编辑：王思源　李　顺

出版：中国林业出版社（100009 北京市西城区刘海胡同7号）
网站：http://www.forestry.gov.cn/lycb.html
印刷：北京博海升彩色印刷有限公司
发行：中国林业出版社
电话：（010）8314 3573
版次：2021年5月第1版
印次：2021年5月第1次
开本：1/16
印张：10.25
字数：200千字
定价：298.00元

目录

河北省第四届（邯郸）园林博览会概览

OVERVIEW OF THE 4TH (HANDAN) GARDEN EXPO OF HEBEI PROVINCE

2020 年河北省第四届园林博览会由河北省住房和城乡建设厅主办，邯郸市复兴区承办，选址位于邯郸市西侧传统老工业区。本次园林博览会的主题是“山水邯郸，绿色复兴”，宗旨是“生态、共享、创新、精彩”。

园区总占地面积 2.828km^2，其中核心游览区面积 1.23km^2。园址东侧紧邻西外环路，西抵南水北调主干渠，南至邯武快速路，北至新邯武公路（309 国道）。交通出行便利，距离市中心 8.5km，距离邯郸机场 15km，距离邯郸东站 14km，距离邯郸站和邯郸汽车客运站 7km，区位优势明显。

邯郸城区西部是传统的老工业区，传统工业的发展，造成了生态环境的压力较大，随着邯郸钢铁股份有限公司的外迁，新的环城水系的建设，西部发展迎来机遇，园博园的建设为城市注入了新的活力。环城水系规划的四大湖区中的西湖水域，是环城绿环的重要节点，城市西部的生态屏障，也是邯郸的母亲河——沁河汇入邯郸市区的门户。园博会的建设承担着传承历史文脉的责任，同时也从生态、防洪、水体净化等多方面都将起到重要作用。未来也是市民休闲、娱乐、打卡的理想去处。

本次园博会的主会址建设，围绕“山水邯郸，绿色复兴”为主题，遵循“城市双修，乡村振兴”理念，按照“世界眼光、国际标准、河北一流、邯郸特色”的标准，通过高低起伏的地势地貌融合“海绵城市”“智慧城市”等现代元素，将“上山入水、因地用势、博古通今、溯源启新”的整体思路贯穿全园。

全园共设置 3 个主要出入口，7 个车行出入口，主要出入口分别设有入口服务中心。全园分为核心文化游览区、地域特色展示区、生态修复实践区、湿地保育区、钢城农趣服务区 5 个分区。具体为：充分展现园林艺术内涵的核心文化游览区；由邯郸文化展示的文化主题园、新型农业展示的观光农业展示园及母子公园组成的地域特色展示区；通过湿地保育区的芳草寻鹤、中水净化展示的清渠如许、土地修复的矿坑花园等板块拼合的湿地修复实践区；以农业展示及售卖、园区集中配套服务为主的钢城农趣服务区。5 大分区功能全面，互相配合，步步为景，为游客提供最完善的游览体验。

园区设有主展馆一处，位于核心文化游览区，齐村大坝的东侧；地市园展园 13 处，其中邯郸园及其他 3 处展园位于核心文化游览区，9 处地市园位于生态修复实践区；国际友好园及区县园位于北侧的地域特色展示区。

还有特色展园多处，工业遗址园位于核心区南侧；矿坑花园位于南侧的生态修复实践区；邯郸特色文化展示——文化主题园（逐梦园、醉香园、结草园及诗词园）位于北侧的地域特色展示区；特色农业展示的观光农业展示园同位于此区。

还有景观节点多处，其中浮光揽月、青山画卷位于核心文化游览区；芳草寻鹤位于自然湿地保护区；清渠如许位于生态修复实践区，该区域同时设有博物馆（涧沟陈展馆）一处；提供亲子活动的母子公园，位于北侧地域特色展示区。

邯郸园博会的建设践行“海绵城市”与“城市双修”的理论，将成为绿美邯郸的名片、讲述邯郸故事的平台和邯郸的生态后花园。

人文古邯郸
生态新复兴
复兴区
WELCOME

园区总体规划

GARDEN OVERALL PLANNING

展园规划

EXHIBITION AREA PLANNING

N
0
100
2

00m

本次园博会的主会址建设，以“山水邯郸，绿色复兴”为主题，遵循“城市双修，乡村振兴”理念，按照“世界眼光、国际标准、河北一流、邯郸特色”的标准，通过高低起伏的地势地貌融合“海绵城市”“智慧城市”等现代元素，将“上山入水、因地用势、博古通今、溯源启新”的整体思路贯穿全园。

全园分为核心文化游览区、地域特色展示区、生态修复实践区、湿地保育区、钢城农趣服务区5个分区。具体为：充分展现园林艺术内涵的核心文化游览区；由邯郸文化的文化主题园、新型农业展示的观光农业展示园及母子公园组成的地域特色展示区；通过湿地保育区的芳草寻鹤、中水净化展示的清渠如许、土地修复的矿坑花园等板块拼合的湿地修复实践区；以农业展示及售卖、园区集中配套服务为主的钢城农趣服务区。

全园共设置3个主要出入口，7个车行出入口，并设有多处电瓶车停车场。其中主入口紧邻西环路；北入口紧邻新邯武公路；南入口紧邻邯武快速路；对外大型停车场共3处，分别位于3个主要出入口，酒店、

涧沟陈展馆等场馆各自布置内部停车场。

核心文化游览区

核心文化游览区是园博园的重点部分，囊括了园博园的主要游览功能和形象展示功能，位于园博园东侧，入口紧邻西环路，交通便利，游园主要由此进入场地。主要包括主入口广场、浮光揽月、邯郸园、山水邯郸、工业遗址园、青山画卷几大景点。

主入口广场紧邻邯郸市西外环路，位于园博园的东侧，北与新建酒店相连，南与主入口停车场相通，是园区与城市联系的主要界面，更是园博园形象展示的重要窗口。通过前期总体设计规划，形成多层次、流动连续的空间体验。由西环路进入场地，依次经过流线型的树阵广场、精神堡垒、入口构筑物及服务建筑、林下休憩空间和出挑观景平台，沿途设有丰富的休憩坐凳，可让游客随时停留。

树阵广场为主入口铺垫出一个连续的广场基底，多条自由的曲线自西环路开始向西贯穿了整个主入口广场，直至西端的观景平台，并由两侧发散而出。流线型的铺装灵感来自沁河河水流动的线条，旨在表达邯郸的母亲河——沁河的复兴，不仅具有深远的含义和优美的景观效果，还为游客提供了非常明确的方向指引和充足的集散空间。集散空间位于园博园大门外部，铺装面层以浅蓝色、中蓝色和蓝色间隔布置，营造出优美的流动线条。

铺装上方的树阵则是该入口的另一特色。出于容纳游

客、入园安检和集散的需求，树阵的设置很好地将空间划分开，形成了丰富的层次感。同时，整齐排列的树阵也为主入口广场带来庄严感和仪式感。由邯郸市市树——国槐形成的树荫，全面覆盖了步行空间，体现了迎宾包容的邯郸特色。

精神堡垒位于主入口广场南侧，是全园的形象标志。设计以园区内标志性的湿地图案为灵感，寓意海绵生态的核心设计理念，紧扣“山水邯郸，绿色复兴”的主题。

主入口廊架构筑物采用超尺度的外部空间写意邯郸精神，突出恢宏大气的景观效果。随着广场铺装和树阵的指引逐步进入，让游客在游览时惊喜不断。

游客服务中心和管理用房设置于主入口广场北侧，与主入口构筑物相连通。游客服务中心内设游客咨询处、茶室、餐饮店及纪念品店、急诊室、管理人员办公区、接待区、会议区、休息区等。在服务中心入口集散空间处设置 VIP 落客区，并设置独立的入园车行路，方便相关人员的进入。

山水邯郸主场馆位于浮光揽月景区东侧，为 4 个方块状建筑单体的组合，连续的金属网造型将整个建筑群落覆盖。场馆设计为上下两层空间：景观广场将山水邯郸 4 个建筑体连接起来，并与主园路相接，位于建筑群的背面；半地下空间位于广场的正下方，与浮光揽月相接。建筑室外遮阳结构板上开有若干卵圆形洞口，为下层采光创造良好的条件。

浮光揽月是整个园区的中心景观湖，也是园博园最大的人工湖。南接主入口，东接邯郸园及山水邯郸，西接地市园及工业遗址园，北接青山画卷。

青山画卷是在齐村大坝的基础上设计，形如一幅展开的山水画卷，青山画卷分为两部分：坝顶道路及其两侧的景观、坝体浮光揽月侧的台地景观。

工业遗址园是对现状工业遗址的保留及再利用，前身为一座矿粉厂，其大型工业架构、储藏桶、研磨机都被保留下来，并设计成一处休憩广场。

地域特色展示区

地域特色展示区主要由文化主题园（逐梦园、醉香园、结草园与诗词园）、母子公园及观光农业展示园组成，为儿童提供游乐场所及展示邯郸特色文化。

其中，北入口广场设计以“绿色脉动”为主题，采用流动的线条为设计语言，以植物的绿色脉络形成引导，与地面的流线型彩色铺装形成强烈的视觉冲击。同时在保留原有部分厂房外框架结构的基础上，新建了售票大厅和公共服务中心，融合成为北入口的标志物。

北入口广场的大门大气震撼，大门景墙运用梅花镂空的手法，呈现出山影的图案。大门背面是云影的图案，与正面图案互相呼应。直线状的方块造型、锈钢板的材料运用也和北入口的工业基因相吻合。地面流线型的设计，在具备引导

作用的同时，也便于人流的快速疏散。

北入口广场是由旧厂房改造的服务建筑和景观水池，右侧是入园的服务建筑。入口服务中心为一长条形建筑，具备入口、售票、卫生间、纪念品商店等功能。景观水池的中央为现状厂房改造的服务建筑，水池南侧、北入口利用台地花田的方式来解决场地高差，保留的 3 个龙门吊设置在台地南侧，体现了场地记忆的同时，也起到了很好的观赏效果。

文化主题园是集中展示邯郸民俗文化的展园，主要包括：展示梦文化的“逐梦园”、展示酒文化的“醉香园”、展示大名草编的“结草园”、展示成语典故文化的“诗词园”。

母子公园是园区亲子活动场地。设计理念是由以一条“S”形廊架串联整个场地，针对不同年龄段儿童的行为规划和活动特征进行设计。廊架内部设计两处母婴室，满足喂奶、储物、儿童厕所等功能。

观光农业展示园是以农田改造为基础的生产性景观，保留农田肌理现状，在满足游客游览观光的同时，又能向游客科普农耕文明。

生态修复实践区

生态修复实践区主要展示生态修复技术和湿地净化技术，是邯郸生态实践的集中展示区，节点包括南入口广场、清渠如许、矿坑花园和涧沟陈展馆。

南入口利用一组迂回曲折、创新现代的铺装，将游客从邯武快速路引入场地，直达清渠如许。步入南入口，首先能看到一组由大小不同的几个多边形建筑相互穿插错落，配合不同的高差变化，形成组团式的建筑及入口大门。闸机通道两侧，四排特选杜仲成树阵向前延伸，以折线状引领着游客向前，形成南入口独特的线性景观带。

清渠如许效法“梯田”处理竖向落差和坡地关系，利用表潜流交替的净化原理引入城市中水从山顶层层跌落、下渗、瀑氧，最终净化为更纯净更清澈的景观水系。

矿坑花园是以矿坑修复为理念，将一处人工采石场的矿坑改造成下沉式景观。花园整体呈高差约 6m 的盆地。场地分两层交通系统，矿坑侧壁为下沉式台地花田和自然式坡地景观。场地中心 3 个景观水池，分别代表了矿坑修复的 3 个阶段：基底恢复、植被修复及生境修复。

涧沟陈展馆是一座半地下的两层建筑，主入口位于地下一层西侧的下沉广场内，用于引导人流。下沉庭院实现了建筑与景观的相互融合，丰富了游览体验。

湿地保育区

湿地保育区主要由芳草寻鹤构成。芳草寻鹤是由齐村水库改造而来，水库西侧为沁河汇入口，中部为大片景观湿地，北侧为溢洪道输元河，东侧为齐村大坝。

水库西侧和南侧为亲水栈道，栈道东侧与齐村大坝相连，西北侧与芳草寻鹤栈桥相连，为游客观赏湿地、亲近自然提供了便利场所。

水库西侧和北侧的梦泽桥，犹如一条梦幻的白色丝带漂浮于湖泽之上。东起观光农业展示园，沿芳草寻鹤西北沿岸环行至汉墓遗址园，中部向西跨过南水北调干渠通往沁河上游，实现园博园多维交通，为游人带来丰富的游览体验。

城市展园

城市展园以 13 个城市展园为载体，展示河北各地特色。石家庄园，以石家庄藁城“宫灯文化”为主题和藁城宫灯的发展历史为主线，生动形象地展现了具有石家庄地域特色的宫灯文化，突出“园博盛会，烛华异彩”的文化主题和展园特色；邯郸园集中展示邯郸特色地域文化及园林造园的新技术与新材料的“开放式园林博物馆”；保定园以“红色记忆”为设计主题，以保定冉庄地道战为切入点进行设计。通过现代的设计手法和语言，塑造具有时代特色的“文化、生态、现代”展园空间；沧州园以诗经文化为线索，布局为“一核带多点”。一核为中部的诗经文化水院，周围呼应多个诗经景观节点；定州园整体风格以新中式为主，“堆山理水”、以小见大，览万千山水于胸怀。按时间轴以《延年歌一佳人曲》作为入口“隐、礼”的景观承载；张家口园共分为奥运冰山入口区、冰丝带、冬梦镜湖、冬梦花海、长城看台、烽火看台观景区、绿色梦想区以及冰山丝带出口 8 个区域；衡水园以给游客全方位感受衡水教育文化的沉浸式体验之旅为目标，将古代“六艺”教育和现代“五好”目标有机结合，体现了衡水人才辈出的精髓和根本；廊坊园以“幸福生活，美丽廊坊”为主题，展现道法自然，园、景、人和谐统一的生态园林理念，体现廊坊都市的幸福生活；辛集展园设计以“诗画束鹿”为主题，以“唐风雅韵”为总体设计风格，建设融合传统园林风貌特征和辛集特色文化的城市展园；秦皇岛园的主题是“秦皇山海，康养福地”，整个展园以当代设计语言为基调，植物景观展示与示范为主体，绿色疗法与游人参与为特色，展现了秦皇岛独特的旅游文化；邢台园以“绿色出行，筑梦邢台”为主题，用园林景观的艺术手法展现邢台印象、公众参与、海绵城市；唐山园以时空为线索，由“一带、一心、三区”组成及 3 个重要的历史阶段为缩影，展现唐山在高质量发展之路上取得的成就；承德园以北方皇家园林的行宫文化为主题，重点展现了承德境内深厚的行宫园林文化，从片段的提取到盛景的描绘无不体现着承德深厚的皇家园林文化。

展区生态修复

ECOLOGICAL RESTORATION OF EXHIBITION AREA

背景解读

近代以来，邯郸得益于其优越的资源禀赋和良好的区位条件，成为中国近代工业的主要发祥地之一，被誉为现代“钢城”和“煤都”。以钢铁为核心的工业文明给邯郸带来了蓬勃发展生机与动力。随着资源的过度开采，传统产业萎缩，经济缺乏新动能，早期城市扩张和工业发展带来的种种后遗症逐步显现，如：老城区生态空间匮乏、市政基础设施薄弱，特别是空气污染问题，是困扰邯郸城市发展的一个顽疾，城市与自然、人与水之间的矛盾日益凸显。

邯郸园博园以“山水邯郸，绿色复兴”为主题，尝试进行生态基底修复、绿色环境重塑，践行“海绵城市”与“城市双修”的理论，推进绿色邯郸的建设。

场地现状条件

2020 年河北省第四届园林博览会场址位于邯郸城区西侧，总规划面积约 2.828km^2，核心游览区面积约 1.23km^2。场地内的西湖水库是环城水系规划的四大湖区之一，也是邯郸的母亲河——沁河汇入邯郸市的源头，紧邻园博园的涧沟遗址，有深厚的人文资源和良好的水文条件。然而，场地内还存有大量的邯钢工业废弃物，对土地、河水有较大污染，环境问题突出。

生态修复策略

针对场地现状问题，设计提出 5 大生态修复策略：

1 生态涵养，湿地保护（针对现状西湖湖体的改造利用）

保留西湖水域湿地肌理，以最小干预为原则，在湿地边界设置观景平台与亲水空间，为游人提供赏景体验也兼顾自然湿地涵养保护。该策略主要体现在芳草寻鹤节点。

2 换填引水，土壤净化（主要针对园博园西部片区，该区域现状分布大量工业矿坑及建筑垃圾）

设计采用 3 种不同的修复方式综合解决场地土壤问题，包括：矿渣填埋、土壤置换和引水净化。将现状矿渣进行填埋封存，部分土壤进行置换，以满足园博园活动布置和植被生长的需求。在有条件的区域，利用现状地形，将湿地水系引入并进行自然水系生态净化。该策略主要体现在清渠如许和云涧拾芳节点。

3 水系疏通，海绵修复（主要针对齐村大坝以东，该区域原为沁河河道，但地表水系被阻隔，整片区域失去了生态活力）

梳理并连通原有的沁河水道，利用现状矿坑洼地打造开阔的水面空间，形成核心游览区的中央湖体景观。沿园内道路布置雨水收集带和雨水花园，提高雨水的下渗和滞留，与湖体一同形成海绵体系。该策略主要体现在浮光揽月节点。

4 陡坡填土，营造台田（主要改造齐村大坝以及西侧矿坑区域）

针对园区内的陡坡区域，将原有陡坡层叠填土形成台田肌理，改善地形景观，并在台田上布置栈道与观景空间，在缓解了原有地形高差的同时，形成了宜游宜赏的台地景观。该策略主要体现在青山画卷和云涧拾芳节点。

5 植物种植，绿色基底（全园内总体设计）

以“百花千树”打造具有邯郸本土特色的植物基底，让大自然做功，通过植被的净化吸附作用，对现状矿渣及工矿废弃物造成的污染进行修复，同时形成全园区范围的绿荫覆盖和多层次的植物景观，打造森林中的园博园，与本届园博园主题“山水邯郸，绿色复兴”相呼应。

方案设计

设计既要解决场地的生态问题，又要营造出现代的具有艺术性的特色景观。

1 园博会现状水库区的改造，实行生态最小干预的设计

芳草寻鹤节点位于西湖水域区域，现状湿地生态环境良好，设计中采用生态最小干预的理念，完全保留了原有的生态环境和水系肌理，在湿地边缘进行适当的植被补植及景观提升，让改造后的湿地成为鸟类及多种生物的栖息场所，故起名芳草寻鹤。

交通上利用东侧的青山画卷与南侧清渠如许两个高点形成环绕式观景游览线。北侧一条高架栈桥——梦泽桥，实现了园博园与西侧沁河上游的交通联系。

西湖东侧大坝原为水利工程的混凝土砌块护坡，设计在原有护坡基础上加设 300mm 厚蜂巢植草格，利用玻璃钢专用锚杆固定，覆土种植地被植物，既能固岸又能美化。现状输元河两侧堤岸整体出现坍塌，利用土石笼袋进行固岸处理，上种植紫穗槐为主的护坡乡土灌木品种。输元河东堤岸现状地形较为复杂，且部分坡上堆砌废弃矿渣，针对坡度等级和土质状况，处理方式有 3 种：第一种为较缓位置保持原地形地貌，坡上种植护坡地被和乔木；第二种相对较陡位置梳理场地高坡，坡脚处堆土减缓坡度，较高部分采用削减土方方式进行处理，渣土部分进行表面覆土种植，局部采用棕榈种植毯护坡种植地被植物；第三种为较陡的陡坎位置，采用防护网护坡固土保持原状地貌的方式进行处理，并喷播草籽复绿。

2 园博会的中水生态净化示范区——清渠如许

清渠如许节点建立在园博园西侧，现状为工业矿渣和筑垃圾堆叠而成的“小山”，是全园环境问题最为严重的区域。因地就势处理现状的污染基底和较大的竖向落差，效法“梯田”的元素，采用将城市废弃中水引入山顶，利用表流湿地和潜流湿地交替净化的方式，结合湿地水生植物根系吸附功能，通过水系的层层跌落、下渗、瀑氧等净化环节，最终达到景观水系使用标准，形成以大片观赏花田为基底的湿地净化功能区。位于山顶的环形连廊立于园区制高点，可鸟瞰整个西湖和园博园核心景区。

清渠如许的梯田湿地以水平表流人工湿地、水平潜流人工湿地为前端处理工艺，使整个水体处于好氧、兼性交互状态，依靠植物、微生物作用进一步去除残留污染物，实现污染物的深度净化并使其达标排放。后端设计以水平表流、垂直流湿地组合，形成好氧、厌氧交互条件促进氮元素的硝化反硝化过程，依靠湿地基质及其表面附着生物膜的物理、生物过程净化有机物和磷，从而将水体中有机物、氮、磷等污染物深度净化。

在表流湿地系统中，污水在湿地的表面流动，水位较浅，水体与空气直接接触，进行氧气交换。表流湿地中一般密集种植各种具有净化功能的湿地植物，主要依靠植物茎、叶的吸附作用对水质进行自然过滤净化，兼具观赏属性。

潜流湿地系统中，水体水位控制在湿地床的内部，因而一方面可以充分利用填料表面生长的生物膜、丰富的植物根系及表层土和基质填料截留等作用，以提高其处理效果和处理能力，另一方面则由于水流在地表以下流动，故具有保温性较好、处理效果受气候影响小、卫生条件较好的特点。

在各级湿地之间，采用氧化塘作为衔接。氧化塘水深 0.5m，有利于水体中氧气恢复；同时，充分利用区域高程落差，设置跌水曝气，综合起到水体充分复氧的效果，为湿地污染物净化提供条件。

3 园博对现状地形利用与改造的示范区——云涧拾芳、浮光揽月、青山画卷

云涧拾芳节点采用矿坑修复理念，对现状一处人工采石场遗迹进行改造。设计充分利用现状矿坑的坑洼地形，对部分陡峭区域进行梯田化处理，改造景观效果的同时引入了清渠如许湿地净化后汇流下的水系，结合植物的吸附作用进一步对水体净化，最终汇流形成 3 个断续的水体景观。三个水体景观分别代表了矿坑修复的 3 个阶段：旧迹的破坏与新生命的开始——人为痕迹的消失与生态系统的逐步建立——自然演替与和谐生态，整个设计是将生态修复主题和景观设计相结合的典范。在水体边缘增设滨水栈道，植物选择乡土树种构建主体群落，以“叠花立木，鸢尾写幽”为主题植物，将跌水区的水生植物群落、多彩花带与葱郁的观赏草相结合，新增楸树林与多种草花及湿生水生植物，形成现

代复合型群落结构。园中布置有悬挂于人行栈桥之下的全景玻璃盒，其灵感来自传统园林中的“水榭”，为游人提供矿坑修复景色变幻的直观感受。

浮光揽月位于园博园东侧，设计利用现状洼地打造开阔的水面空间，形成湖体景观，是整个核心游览区的视觉中心。湖水重新连接沁河的上下游，实现了邯郸的母亲河——沁河的复兴。周边沿道路设置雨水收集带和雨水花园，最终汇入到湖水之中。结合透水材料的运用，实现雨水收集的功能，形成完善的海绵城市体系。人工湖里设置若干个悬浮于水面的圆形树岛，既丰富了游览视线的变化，又可营造多样的生态环境。湖边的环湖步道由若干条宽窄不一的带状空间组成，蜿蜒的主路和支路相互交织，时而分开，时而汇合，游人穿梭于其中，产生不同空间的体验。

浮光揽月湖区原为矿渣场废弃地，场地遗留大面积的超厚层废弃矿渣，地质条件较为恶劣，且矿渣内含有超含量的铬、氮和磷，对水体污染严重。设计在池底做防水处理，表面覆 500mm 厚种植土，防止超标的金属返渗到湖体。湖边布置 2m 和 1.2m 宽的两条相互交错、高低错落的亲水木

栈道，采用预制混凝土块的施工工艺，厂家预制现场安装，减小施工作业面，把对环境的影响降到最低。

青山画卷节点是对场地内重要的水利设施齐村大坝的整体改造，设计通过台地景观的形式消解大坝陡峭的高差，将原有的硬质驳岸转化为花田台地，台地高差 5m，设计 5 级台地花田景观，每层高差 1m，挡墙材料选用 5mm 厚耐候钢板。大大提升了景观价值。在台地中设置人行步道和观景构筑物，为游人提供舒适的游览体验。

设计对大坝顶端进行了改造设计，拆除原防浪墙现状柱垛，一部分利用镀锌钢板包裹原防浪墙体，设计成花箱种植植物。同时在防浪墙上设置宽窄不等的架空木栈道，供人游览观赏。

4 园博会生态建筑设计

山水邯郸主场馆是园博园内最为重要的建筑，位于园区核心景区，临水而建。山水邯郸主场馆由植物馆、艺术馆、综合馆和会议中心 4 个造型方正规整的体块组成，并用半室外的阴凉连廊连接，既可停留休闲，也可作为室外展区，极大地丰富了主场馆建筑的利用空间和使用功能，真正做到多用途、低能耗、有特色。另外作为园区的标志性建筑，设计上采用大胆创新的延绵山形网架呼应山水自然的主题，整个“群山”结构网架与主体建筑脱开，并利用如幔帐一般舒缓的金属网将整个建筑区域覆盖，这层金属网格通风遮阳，极大地减少了场馆建筑的空调能耗，并为整个场所带来了舒适的户外体验，丰富了空间层次，并与开阔的水面交相辉映，真正打造成一处绿色节能、面向未来、意境悠远的当代城市标志性综合场馆建筑典范。

涧沟陈展馆位于园区南入口区域，以园林景观和建筑空间一体化的设计理念成为涧沟文化的空间载体。由于建筑紧邻涧沟村历史文化村，为保留场所整体风貌，设计上将整个建筑置于地下，由一系列大小尺度不同的下沉庭院串联起来。人们在经过下沉广场进入建筑参观的过程中随着标高的降低渐渐进入沉静舒缓的节奏，在沉浸式的参观体验中一步步探索和发现灿烂厚重的涧沟文化。另外，整个建筑屋顶通过屋顶绿化最大限度地恢复绿化植被，使建筑消隐于场地，跟自然融为一体。

邯郸园博会的建设践行“海绵城市”与“城市双修”的理论，将成为绿美邯郸的名片、讲述邯郸故事的平台和邯郸生态后花园。

主场馆

MAIN EXHIBITION AREA

山水邯郸

LANDSCAPE OF HANDAN

设计单位：北京土人城市规划设计股份有限公司

山水邯郸主场馆总面积近 2 万 m^2，位于浮光揽月景区东侧，是园博园内规模最大、最为核心的标志性建筑，是 4 个方块状建筑单体的组合，连续的造型金属网将整个建筑群落覆盖。整个建筑由 4 个独立的场馆组成，包括：植物馆、艺术馆、综合馆、会议中心，彼此之间通过立体廊桥和下沉庭院紧密相连，连绵山峦一般的巨型屋架将 4 个体量笼罩其下，共同构成一幅美轮美奂的建筑诗画。

场馆设计为上下两层空间：景观广场将山水邯郸 4 个建筑体连接起来，并与主园路相接，位于建筑群的背面；半地下空间位于广场的正下方，与浮光揽月相接。建筑室外遮阳结构板上开有若干卵圆形洞口，为下层采光创造良好的条件。

以建筑的卵圆形为设计基础，运用绿地和铺装将建筑的洞口化零为整，并形成流畅的通行空间引导人流。设计两处台阶与浮光揽月相接：台阶及挡墙位于山水邯郸最西侧，接青山画卷与浮光揽月，东侧沿山水邯郸建筑设计种植带，缓和建筑的压迫感，台阶位于会议中心东侧，沿用卵圆形设计语言，运用黄金麻荔枝面花岗岩为大铺装肌理，和参差不齐的树池，营造出不同的视觉感受。

主场馆的设计构思紧扣“山水邯郸，绿色复兴”的主题，作为本届园博园标志性文化展览建筑，设计撷取峰峦叠嶂的巍巍群山作为母题，利用钢结构梁柱体系搭建出巨型空间网架，网架之上覆盖金属垂网，如缥缈的仙山坐落在绿色水畔，极具风情，与浮光揽月一起组成一片城市山林的浪漫图景：巨网之下，绿意盎然，人群熙攘，水畔生姿！

4 栋建筑单体功能清晰，形体方正，现代简洁，空中连廊与下沉庭院共同构成的立体交通空间，为游客提供了舒适宜人的半户外休憩场所。

在 4 栋建筑的立面处理上，利用穿孔铝板的开洞细节展现山水意向图案，立体丰富；室外广场上方结合下沉空间设计大小不一的不规则洞口，生动活泼；下沉庭院空间宜人凉爽，侧墙垂直绿化配合镜面波纹屋顶如梦如幻；场馆宽敞明亮，适宜举办各种类型的文化展览活动，为丰富市民精神文化生活建立优质平台。

山水邯郸在具体建造过程中面临着诸多困难：山形屋架规模尺度前所未有，因此在建筑设计上对于形态尺寸的把握十分重要，在通过各种尺度的模型研究后最终确定多顶点连续脊线的延绵形态；结构网架的设计打破了传统建筑的结构体系，创新的采用固定几何形态与活动节点相组合的方式，在 50m 大跨度下仅用直径 40cm 脊梁，最大限度地保证整体造型的轻盈状态；近 5 万 m^2 的连续金属网更是建筑史上的首次采用。

城市展园

CITY GARDENS

石家庄·烛华园

SHIJIAZHUANG · ZHUHUA GARDEN

设计单位：河北易景工程咨询有限公司

建设单位：石家庄市园林局

监理单位：河北泰旭投资管理有限公司

施工单位：河北惠东园林装饰工程有限公司

开工时间：2020年3月25日

竣工时间：2020年7月31日

宫灯

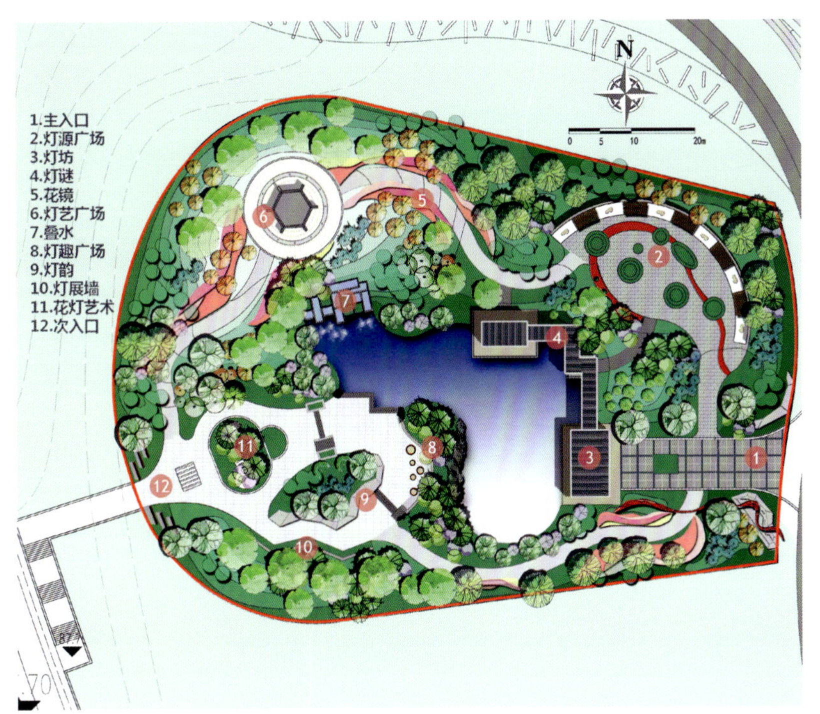

石家庄园，名为“烛华园”，占地约 7300 ㎡。以石家庄藁城“宫灯文化”为主题，藁城宫灯的发展历史为主线，围绕宫灯的样式、材料、制作工艺、民俗文化等内容，结合展园内迎旭轩、观澜榭、伴月廊、叠水飞瀑、云龙亭、诗韵、映霞、凌波水岸等主要景点，生动形象地展现了具有石家庄地域特色的宫灯文化，突出“园博盛会，烛华异彩”的文化主题和展园特色。

石家庄园主建筑为“迎旭轩”，园内展示着多种宫灯并配有灯谜。与迎旭轩相连的是一道曲廊，曲廊尽头是园中观鱼赏荷的佳地，起名“观澜榭”。一轩一榭一廊曲折相连、高低错落、风格统一，构成了展园的核心景观。

“伴月广场”通过情景雕塑的形式展示了宫灯文化地起源与发展，再现“拢形、穿竹条、打竹眼、刮竹条、锯竹片”等传统灯笼的制作过程。

“伴月廊”，呈弧形，形似弯月，与广场互补呈圆形，状似灯笼，暗寓了藁城宫灯文化的悠久与灿烂。

“云龙亭”，位于展园的制高点，整体造型是一个大型宫灯，特色鲜明。亭子底座周边有喷雾装置，水雾与亭子形成云雾缭绕、云中飞龙的奇妙景观。

“诗韵景观区”，由 6 组宫灯挑架，像一把徐徐展开的折扇。造型优美的雪浪石迎面耸立，与其后灯笼形状的立体花球、典雅的植物、造型与渐次展开的挑架、飘动的灯笼相互呼应，构成了一幅温婉的画面，通过石与诗的交流阐释着宫灯文化之美。

“映霞景观区”，由两部分组成，左侧不锈钢板镂空雕刻讲述了宫灯的发展。右侧是造型各异的精品灯笼展览橱窗，周围成片的石榴寓意着生活的繁荣、美好、希望、红火。

“凌波水岸”，内设色彩鲜艳的灯笼和造型活泼的人物雕塑，营造了生动、风趣的活动空间。

“烛华园”，通过艺术化设计，将石家庄藁城宫灯文化寄予园林，展现了藁城宫灯文化的精美，也铸就了展园的灵魂，充分展现展园的主题，体现了“园博盛会，烛华异彩”的建园旨意。

石家庄

雲龍亭

邯郸·赵都新韵

HANDAN · ZHAODUXINYUN GARDEN

设计单位：北京土人城市规划设计股份有限公司

建设单位：邯郸市复兴城市和交通建设投资有限公司

监理单位：上海同济工程项目管理咨询有限公司

施工单位：中国建筑第八工程局有限公司

地勘单位：河北鑫拓工程勘察设计有限公司

开工时间：2020年3月15日

竣工时间：2020年7月31日

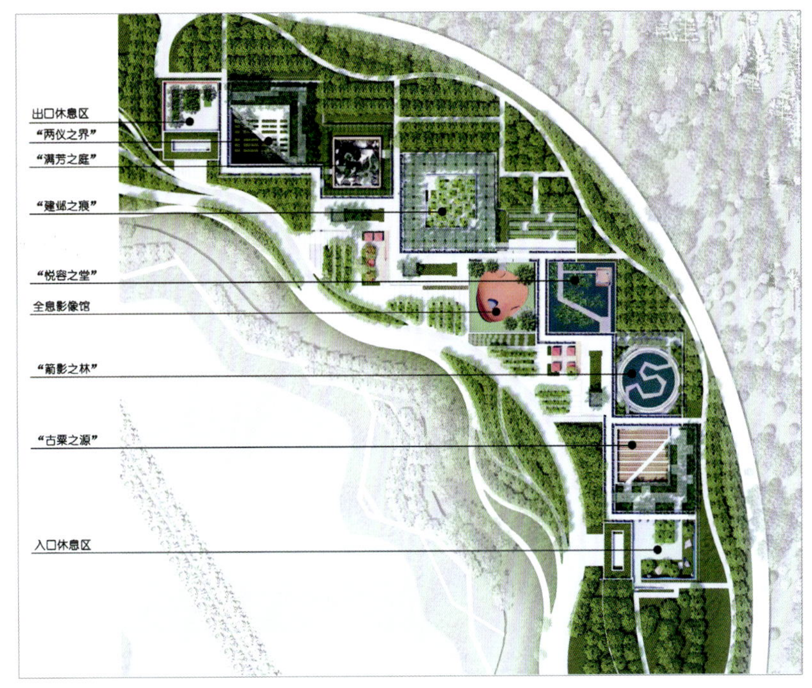

赵都新韵（邯郸园）占地面积约 3 万 m^2，不同于其他展园，整个邯郸园为一个开敞的园区，由上下两层空间相互穿插打造而成。展园以开放式的园林博物馆为主题，在着重体现邯郸千年文化历史积淀的同时，又回应了河北省举办园博会的初衷，将当代园林中的新材料新技术加以展示，二者融合共同构成了一个可赏可游，寓教于乐的多层次展园。展园内以时间为线索，从上古女娲神话开始到 1949 年止，跨越千年将磁山文化、赵文化、建安文化、太极文化、红色文化以主题园的形式加以展现。

邯郸园的整体结构分为 3 部分：核心展示区、游客服务区及景观地形区。核心展示区分为两个出入口休息区，有 6 个特色展园，还有竹林休憩区和全息影像馆。游客服务区为游客提供售卖、餐饮休憩、纪念品商店及厕所等功能。景观地形区为园区主路与邯郸园之间的缓冲区，提供视线及噪声遮挡的作用。

入口休息区，占地面积 475m²。空间布局借鉴了欲扬先抑的手法，墙面和地面散布各色景石，沿墙体布置雾喷，营造出远古时期女娲五色石补天的意境。

古粟之源，占地面积 900m²，分为展览区和休憩区。展览区以磁山文化为主线，墙体内嵌新石器时期的农耕器具和破碎陶瓷片，地面呈条状种植粟米，展现了 7000 多年前的农耕生活。

箭影之林，运用了天圆地方的设计理念，以赵文化为灵感，以逐鹿中原时的战争场景为启发，用圆形水池中布置不锈钢“箭林”的形式展示金戈铁马的战场风貌。

悦容之堂，占地面积 680m²，整体为开敞式展示园，以北齐石窟文化为主题。“邯郸微笑”是赵都新韵的制高点，内部展示以黄铜材质复刻邯郸博物馆出土文物“微笑邯郸”。园区种植睡莲，营造了“浮香绕岸，圆影覆池”的灵动空间。

全息影像馆，占地面积 650m²，是一处以影像的方式展示邯郸文化的休憩场所。影像馆外形为红色不规则圆形窑，馆内下沉式空间与高科技环幕投影相结合，为游客打造了一个沉浸式体验空间。

建邺之痕，占地面积 1120m²，是赵都新韵最大的展园。展园空间分为中心游览区和外围空间。中心游览区采取邺城古都的形制，由青砖、青瓦内嵌当地的特色瓦当，砌筑拼接成特色景墙围合，展示了邺城曾作为六朝古都的辉煌历史。

满芳之庭，占地面积 630m²，为磁州窑特色展园。中心广场以磁州窑白地黑花为灵感设计特色铺装图案，广场三面由装烧瓷器的窑具“龙盔”组成特色景墙。北侧是两面不同颜色的陶瓷片组成的互动翻转墙，可随意翻转拼出各种图案，增加了场地趣味性及互动性。

两仪之界，占地面积 900m²，空间分为展示区和休息区，展示的是太极文化。方形的园区以八经卦的卦象为肌理，再配合地面和墙面的绿化，给游客打造了一个纯粹的禅意空间。

出口休憩区，占地面积 450m²。场地设计两处白色听筒廊架，悬吊红色玻璃钢罩，内置音箱、灯具、感应设备，可实现与游客的互动，丰富游览体验。

唐山·鸣凤园

TANGSHAN · MINGFENG GARDEN

设计单位：河北城兴市政设计院股份有限公司

建设单位：唐山市园林绿化中心

监理单位：唐山冀东工程建设监理有限公司

施工单位：四川省贝吉建设工程有限公司

地勘单位：河北鑫拓工程勘察设计有限公司

开工时间：2020年5月17日

竣工时间：2020年7月31日

GARDEN

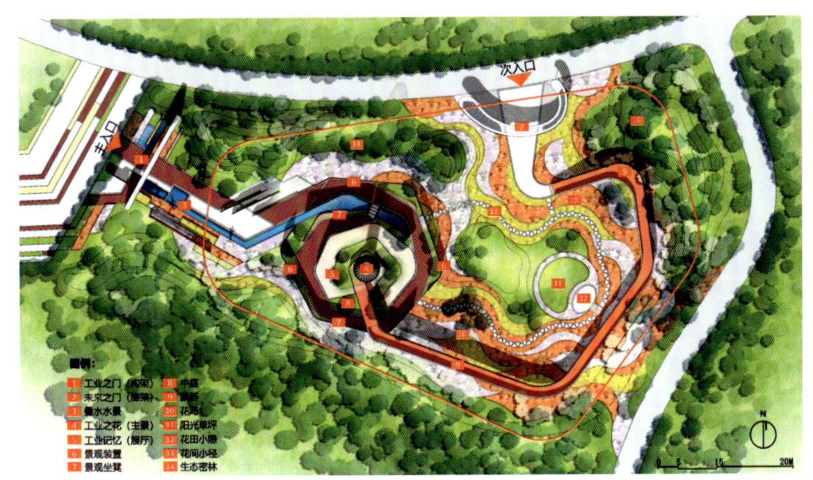

唐山园在园博会主题“山水邯郸，绿色复兴”的基础上，结合唐山城市特色、循环经济发展的示范性特质以及展园环境本底和周边关系，特提出“与古为新，偕众同春”的设计主题，展现唐山的起源与未来，助力河北的转型与跨越。

以唐山凤凰涅槃、转型升级、向海重生的城市发展轨迹为故事线，打造多元化的贴近百姓生活的现代景观，为基址带来盎然绿意与生机的同时，为其他城市提供更多、更好地解决相关问题的方法，进而助力整个河北的转型与跨越，一同迈向新的春天。

整个园区以时空为线索，以 3 个重要的历史阶段为缩影，展现唐山在高质量发展之路上取得的成就，由“一带、一心、三区”组成。

一带：一条不忘初心，砥砺前行的高质量发展之路，在这条路上我们践行着总书记“创新、协调、绿色、开放、共享”的发展理念；一段光阴如织，时空穿梭景观旅程，通过这段游览旅程感受唐山的变化与发展。

一心：围绕现状烟囱，打造展园核心主景——螺旋上升的建筑，寓意工业盛开的文明之花，也象征唐山上升的态势。

三区：分别是激情燃烧的火红年代、动能转换的绿色发展和环境友好的循环经济。

近代唐山的"七个第一"
中国第一座机械化采煤矿井
中国第一条标准轨距铁路
中国第一台蒸汽机车
中国第一桶机制水泥
中国第一件卫生陶瓷
中国现存的第一张股票
第一位中国本土大学教授

秦皇岛·花间徉

QINHUANGDAO · HUAJIANYANG GARDEN

设计单位：中外建华诚工程技术集团有限公司

建设单位：秦皇岛市园林局

施工单位：秦皇岛市市政园林绿化工程有限公司

监理单位：唐山市金中方工程项目管理有限公司

地勘单位：河北鑫拓工程勘察设计有限公司

开工时间：2020年5月1日

竣工时间：2020年7月31日

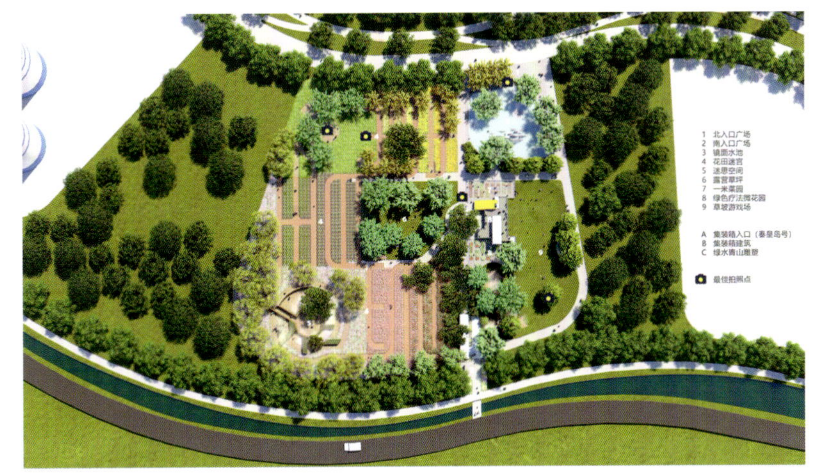

秦皇岛园，名为“花间徉”，面积 7092 m²，位于核心文化游览区。展园主题是“秦皇山海，康养福地”，以当代设计语言为基调，植物景观展示与示范为主体，绿色疗法与游人参与为特色，展现秦皇岛独特的旅游文化。

南入口广场是秦皇岛展园的入口之一，展园的主轴线将展园分成东西两部分。西部设计以植物景观为主体，主要展示秦皇岛的花卉旅游、康养旅游；东部为主体建筑、水景及下沉空间，主要展示秦皇岛的人文旅游、休闲旅游。

秦皇岛展园以植物造景为特色，设计了不同风格的十大花境。花境秉承“虽有人作，宛自天开”的原则，不但表现植物个体生长的自然美，还展现出植物自然组合的群体美。

“迷思空间”借鉴了秦皇岛北戴河著名旅游景点“怪楼”，有多条路径选择，每条路径后面有不同的体验和感悟。

露营草坪，讲述着秦皇岛海滨露营先河的历史。草坪周边种植了油松、紫穗槐等秦皇岛代表性植物，营造出秦皇岛本地特色，起伏的山林可作为绿色疗法的森林冥想空间，使游人放空大脑，舒缓心情。

集装箱建筑以 5 个集装箱组合而成，统一喷涂清新淡雅的颜色，影射了秦皇岛别称“港城”的由来。

绿色疗法微花园，提供绿色疗法所需要的种植、养护、触摸、闻香、采摘等活动的植物材料及室外空间环境。可通过分辨不同气味，提高嗅觉灵敏度。通过接触不同质地的表面，获取触觉感官刺激，感受生命的存在。

秦皇山海
康养福地

保定·铭心园

BAODING · MINGXIN GARDEN

设计单位：北京源树景观规划设计事务所

建设单位：保定市城市管理综合行政执法局

监理单位：保定市市政公用工程建设监理有限公司

施工单位：河北建设集团园林工程有限公司

地勘单位：河北鑫拓工程勘察设计有限公司

开工时间：2020年5月15日

竣工时间：2020年7月31日

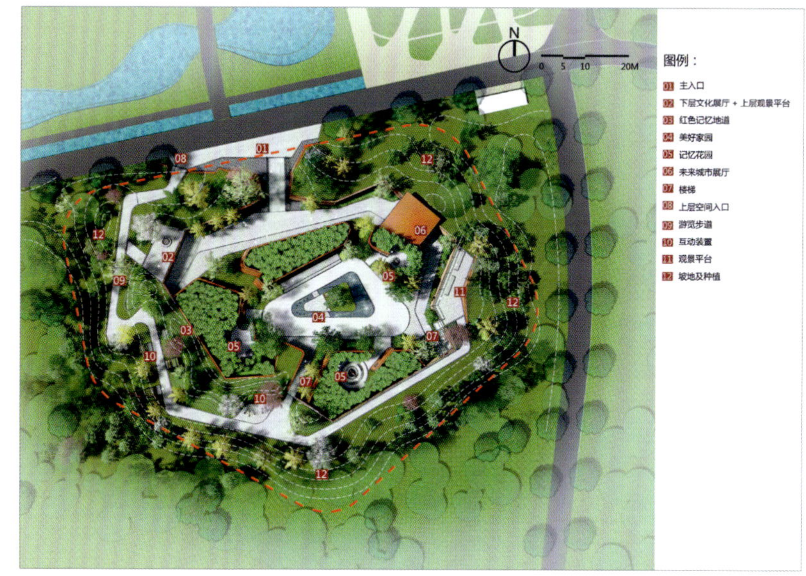

保定展园名为“铭心园”，占地 7424 ㎡，位于主园区南部，湿地修复实践区和核心文化游览区的交界处，视线良好，交通便利，具有独特的区位优势。

全园以红色记忆为设计主题，以保定冉庄地道战为切入点进行设计。通过现代设计手法和语言塑造出具有时代特色的“文化、生态、现代”展园空间。

主入口：以保定冉庄村口为设计意向，抽象化提取地道战遗址中村口的石桥形象，结合两侧背景墙营造出入口夹道的感觉。

文化展厅：以多媒体屏幕播放、图文展板的形式，演示发生在保定的经典红色电影，体现保定悠久的红色文化。

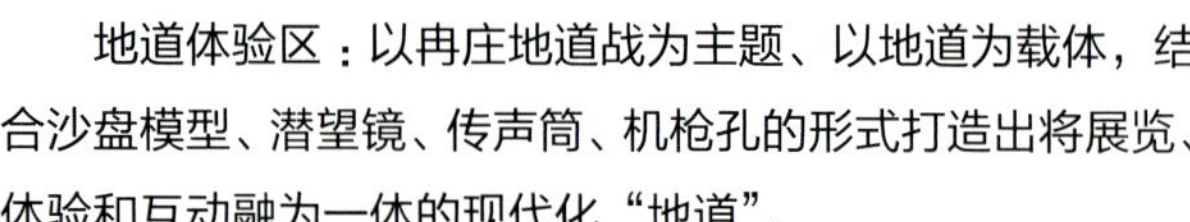

地道体验区：以冉庄地道战为主题、以地道为载体，结合沙盘模型、潜望镜、传声筒、机枪孔的形式打造出将展览、体验和互动融为一体的现代化“地道”。

美好家园：保定园的中央核心区域，老槐树是冉庄的标志，也是地道战的精神象征，美好家园艺术化再现了老槐树景观。周边的 3 个冥想花园，分别从地道战中提取马槽、水井和石碾作为主题，以现代化手法进行抽象表达，唤醒人们对那段光辉岁月的记忆。

城市展厅：采用多媒体屏幕及展画，为游客展示现代化的保定城市新貌的同时，并对保定的美好未来进行展望。

上层游览区：上层花园种植中布置了游园路和观景平台，游人可进行多维度观赏体验，最后通过楼梯将游客引导至核心的下沉花园进行参观游览。

张家口·冬梦园

ZHANGJIAKOU · DONGMENG GARDEN

设计单位：北京源树景观规划设计事务所

建设单位：张家口市城市管理综合执法局

监理单位：北京政泰隆工程管理有限公司

施工单位：河北华秀园林绿化工程有限公司

地勘单位：河北鑫拓工程勘察设计有限公司

开工日期：2020年5月9日

竣工日期：2020年7月31日

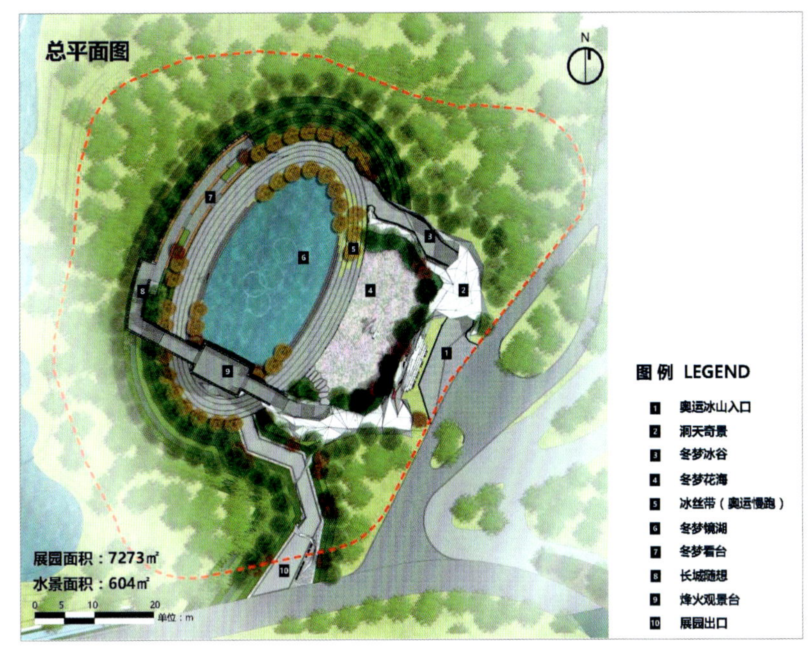

张家口园，名为“冬梦园”，占地面积为 7273 ㎡，位于园博园中心区域，地处展园核心文化浏览区、湿地修复区以及涧沟村 3 个大分区的交汇处，地理位置十分优越。

张家口园共分为奥运冰山入口区、冰丝带、冬梦镜湖、冬梦花海、长城看台、烽火看台观景区、绿色梦想区及冰山丝带出口 8 个区域。

“奥运冰山入口”融入了崇礼雪原冰山元素，欲扬先抑的设计手法巧妙地将园区内的景观“藏”了起来，入口处通过冰洞中的高科技互动装置，创造出冰裂声境及冷气效果，降温祛暑，在炎炎夏日为游园者送去一份清凉，传递着张家口园浓郁的冰雪奥运气息。

“冰丝带”，位于张家口园主园区，贯穿全园，其设计灵感也正是来源于滑冰赛道，设有单板滑雪、高山滑雪等冬奥会赛事的运动场景。顺着冰丝带，游客可以身临其境模仿、感受这些运动项目的形体动作，极具互动性与体验感，又可从广播中了解每项奥运赛事的由来及发展，兼具知识性和趣味性。

“冬梦镜”湖区位于展园中心，湖面映射着蓝天与冰山的倒影，与奥运五环倒影相辅相成，衬托着五环更显梦幻。

“长城看台”将张家口文化瑰宝——长城文化融入其中，看台在满足功能性的同时融合文化内涵，游客在此小憩的同时，亦可品味并体验长城文化。

“冬梦花海”，采用本地生长较好的紫菀搭配珍珠梅等植物营造出花海氛围，背靠连绵起伏的冰山，背景树种选用冬季气息较浓郁的雪松，营造出冰山与草原融为一体的场景。

“绿色梦想区”，延伸了冰山元素，同时以特色植物进行深化，通过成片绿植体现绿色梦想寓意，园区外围种植了国槐、七叶树等遮阴效果好的树木，营造出山水园林的绿色生态之美，与张家口“生态强市、绿色发展”理念一脉相承。

承賢園

承德·承贤园

CHENGDE · CHENGXIAN GARDEN

设计单位：北京北林地景园林规划设计院有限责任公司

建设单位：承德市园林管理中心

监理单位：中科宏泰工程项目管理有限公司

施工单位：中神采奕城市建设工程有限公司

地勘单位：河北鑫拓工程勘察设计有限公司

开工时间：2020年5月7日

竣工时间：2020年7月31日

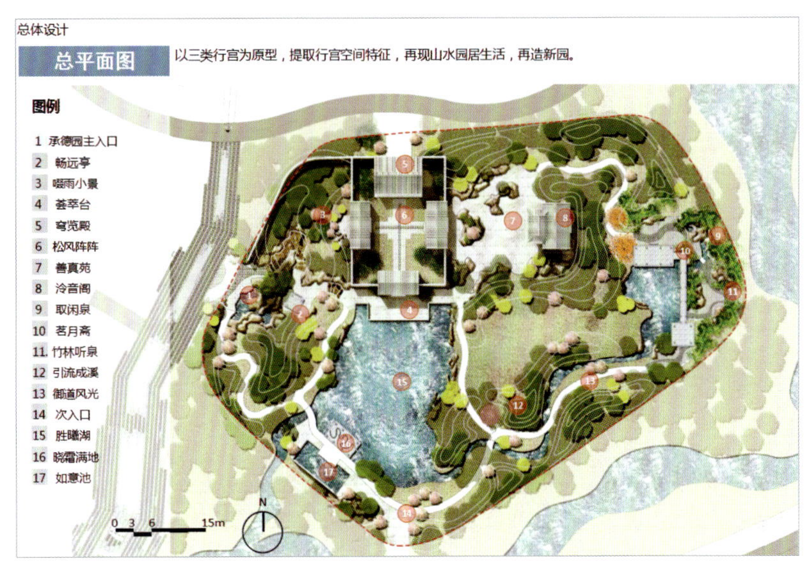

承德园，名为“承贤园”，占地面积 7000 ㎡，以北方皇家园林的行宫文化为主题，将传统园林融入现代展园设计，从片段的提取到盛景的描绘无不体现着承德深厚的皇家行宫园林文化。

承德园局部仿写了承德境内的 3 座行宫：喀喇河屯行宫、钓鱼台行宫和汤泉行宫。划分为入口区和居苑韶景区、烹茶洗砚区、澡雪心神区 4 个分区。

入口区：入口以写意山水迎宾，同时也仿照清帝出关的第一个行宫——两间房行宫，在入口处起堆地形，采取传统叠石技法仿写行宫周围环境。

居苑韶景区：居苑韶景区原型取自承德境内最早的行宫。园中松柏掩映，古朴森然。古建筑均以古画资料为依据，重建其中局部的第一进院落布局。

烹茶洗砚区：烹茶洗砚区是以承德境内的钓鱼台行宫为原型，展示行宫文化中短暂停留的茶宫一类行宫。

澡雪心神区：澡雪心神区属于展示行宫文化中汤泉行宫一类，仿写了清帝在汤宫的生活。浓缩为温酒和沐浴两个场景，再配合汤泉行宫的皇帝坐汤池和池旁雕刻汤泉行宫描写之词的景墙起到科普作用。

閣
檻臨平楚嵐烟淡

風雅閣

沧州·风雅沧州

CANGZHOU · FENGYACANGZHOU GARDEN

设计单位：北京市园林古建设计研究院有限公司

建设单位：沧州市园林绿化局

监理单位：沧州渤海工程建设监理有限公司

施工单位：湖南省一建园林建设有限公司

地勘单位：河北鑫拓工程勘察设计有限公司

开工时间：2020年5月11日

竣工时间：2020年7月31日

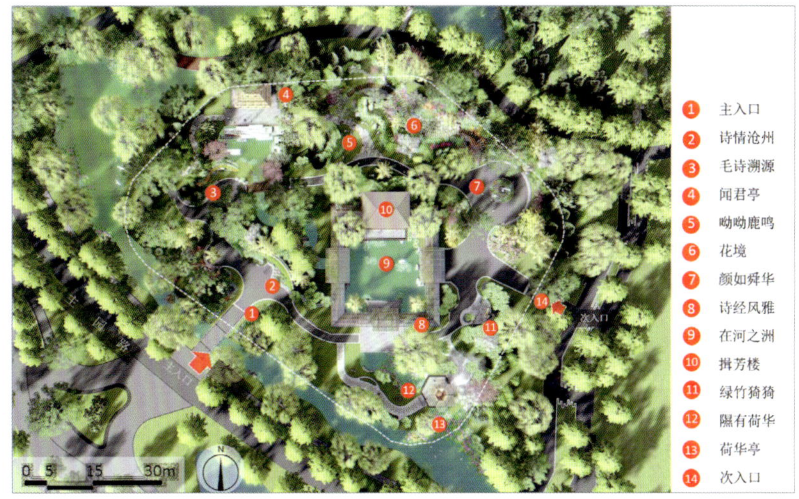

沧州园，名为“风雅沧州”，占地面积 7112m^2，位于园博园西南部，场地三面环水，南临主路，东侧与承德园隔路相邻。

沧州园以诗经文化为线索，布局为“一核带多点”。一核为中部的诗经文化水院，周围呼应多个诗经景观节点。

主入口两侧布置素雅的文化灯柱，形成引导入园的序列。端头为一座水帘影壁，影壁一侧刻写着“风雅沧州”，周边配以造型油松，以植物体现风雅。

“诗经风雅”是水院园中的核心景观区。以揖芳楼为主体建筑，辅以环廊的一进院落。中部为“在河之洲”水院，体现了中国园林艺术所追求的“诗情画意”。

建筑及环廊串联起来形成诗经文化展示廊，廊中设有诗经植物展览，以宣传《诗经》中蕴含的人与自然和谐共生的理念，反映出中国古人的生态智慧。

室外“绿竹猗猗”，是由竹林环绕的一处休息场地，绿竹猗猗特别运用了一系列跟竹子相关的小品，如竹凳、竹篱笆、竹墙等，富有自然野趣。

荷华亭是沧州园水边的标志性构筑物。它是以荷花造型为灵感创造的建筑。荷华亭位于水边的洲岛之上，与水中荷花相呼应，再现了诗经中“隰有荷花”的景观，体现出人与自然的和谐统一。

茂林修竹，繁花胜景，沧州园中一幅幅诗经画面环环相扣，从不同角度阐释着沧州的诗经风雅，汇集成一座充满文化魅力的园林，为诗经文化的传承与发扬增添了一处崭新的园林载体。

廊坊·幸福廊坊

LANGFANG · XINGFULANGFANG GARDEN

设计单位：北京艺心生态环境治理有限公司

建设单位：廊坊市园林绿化管理局

监理单位：廊坊市博科工程项目管理有限公司

施工单位：北京艺心生态环境治理有限公司

地勘单位：河北鑫拓工程勘察设计有限公司

开工时间：2020年6月2日

竣工时间：2020年7月31日

广阳道
明东道

廊坊园，名为“幸福廊坊”，占地面积约 7500 ㎡。位于园博园城市展园东南侧，南北由园区主、次环路包围，分设两个入口。

展园以“幸福生活，美丽廊坊”为主题。以绿色为基底、山水为景观、绿道为脉络、人文为特质、“街区模块”为基础单元，以互动体验为参观方式，展现道法自然，园、景、人和谐统一的生态园林理念，体现廊坊都市的幸福生活。

廊坊园以“体验廊坊，享受城市，展现美丽廊坊，展现幸福生活”为理念。由城市建设理念落实到园景展示，节选城市中的空间场景，生活中的印象画面，搭建“幸福平台”引导绿色、健康的生活方式，以由此带来的行为感受及生活体验，来定义游览空间主题。

园内通过人民的公园、月季花园、葱郁之境、廊坊印象等城市街区，突出城市特点，增加展馆体验。

为保持基地的生态，将活动场所置于上层，与植物互生，从而创造复合型空间和良好的视线。通过城市会客厅、城市舞台、都市舞台、万家灯火、午后时光、雾喷之林、绿道游线等复合空间及相关互动来增加园区体验性。

廊坊馆以国际化的语言、特色的风车展现廊坊的包容与好客。机场的配套服务，则象征着廊坊对四面八方游客的欢迎。

廊坊

午后拾光·回归童真的阳光绿野

恩如泉涌

衡水·儒乡园

HENGSHUI · RUXIANG GARDEN

设计单位：天津天一景观规划设计有限公司

建设单位：衡水市园林中心

监理单位：河北省衡水市工程项目管理有限公司

施工单位：陕西天木园林工程有限公司

地勘单位：河北鑫拓工程勘察设计有限公司

开工时间：2020年4月29日

竣工时间：2020年7月31日

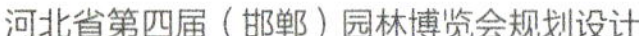

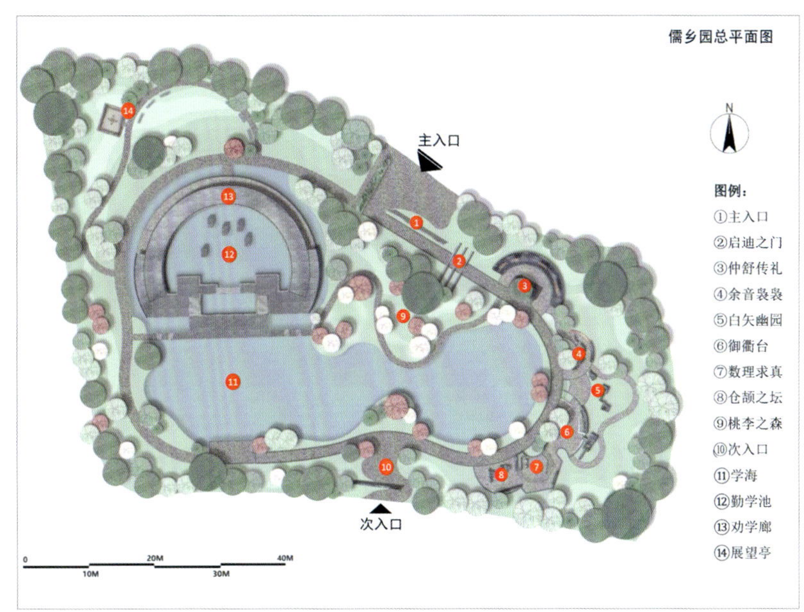

衡水园，名为“儒乡园”，占地面积 7020.15 ㎡。儒乡园主要分为 4 个景区，由入口广场景区、古代六艺景区、现代教育景区、衡湖湿地景区构成，并在景区周围及中心设置桃林种植区以及李林种植区。

“古代六艺景区”，将古代教育中要求学生掌握的“六艺”，即：礼、乐、射、御、书、数，与景观设计结合，并且连成一条线。“六艺”与现代教学论的“德、智、体、美、劳”相通，现在全面发展的教育思想和方法，是两千多年的传统教育的传承。

“六艺”作为全园设计的开端。从历史上探索教育的本质、揭示教育的内容：全面发展，多元综合，服务社会，找到古今教育一脉相承的传统，找到未来可持续发展的道路。

现代教育景区仿古代辟雍而设。辟雍是古代周天子为教育贵族子弟而设立的大学，属于古代的一种学宫，取四周有水，形如璧环为名。现代教育景区象征衡水现代教育对历史的继承与发展，体现开放性和包容性。中心区域主体建筑的设计以“教育均衡发展，注重学生素质培养”为设计原型，在建筑根基的部分设计体现现代“五好”的培养理念，充分表达素质教育作为教育根基的重要性。

儒乡园以给游客全方位感受衡水教育文化的沉浸式体验之旅为目标，整个儒乡园将古代“六艺”教育和现代“五好”目标有机结合，体现了衡水人才辈出的精髓和根本。

桃李种植区以及衡湖景区位于园区中心，是儒乡园生态设计的最主要的部分，桃李种植区用大量的桃李树木暗喻衡水教育桃李满天下的成就。衡湖湿地以衡水湖湿地为设计来源并进行元素提取，寓意为衡水人杰地灵的人文环境、包容开放的教育政策是衡水教育名满天下的基石。

邢台·筑梦园

XINGTAI · ZHUMENG GARDEN

设计单位：北京中外建建筑设计有限公司

建设单位：邢台市园林局

监理单位：河北燕赵工程建设监理有限公司

施工单位：北京福森园林绿化工程有限公司

开工时间：2020年5月9日

竣工时间：2020年7月31日

筑梦园

邢台园，名为“筑梦园”。占地面积 7063 ㎡，整体呈长方形。以“绿色出行，筑梦邢台”为主题，用园林景观的艺术手法展现邢台印象、公众参与、海绵城市。

邢台展园从自行车文化产业和邢台城市特色两方面入手，结合地形形成两条具有不同主题的复层结构景观带：“绿美邢襄自然景观带”和“活力泉城人文景观带”。再由“活力邢台、创新邢台、逐梦邢台”3 大核心景观区衍生出 10 个景观节点。

绿美邢襄景观带主要由一条蓝色赛道组成，线性穿过主入口、绿色赛道、太行隧道、空中步道、悦梦花廊及次入口几个部分。自行车赛道模拟环邢台国际自行车赛道，设计有平路、坡路、山路、河桥等类型，并沿路设置骑行者雕塑，丰富景观体验。

主入口：主要由“筑梦园”标志与特色景墙组成，通过景墙上的文字说明及自行车雕塑引入本届展园“绿色出行，筑梦邢台”的设计主题。

太行隧道：整体模拟太行山大峡谷以及一线天风貌。

空中步道：旋转上升的曲线形空中步道，可登高揽秀。两侧绿植犹如一条穿城绿廊，夜晚借助照明效果给人以漫步空中的梦幻感。

悦梦花廊：邢台展园的“桃源”打卡地，花柱花廊成幽径。次入口设

计毛石景墙，搭配种植造型松，简洁而不失古朴典雅。

活力泉城景观带主要包含水之活力：活力之源（骑行之活力）、赛事展墙（产业之活力）、悦动星空和创意空间（城市之活力）。

活力之源：撷取自行车元素——圆形轮胎，抽象设计3组水景雕塑，突显“泉”这一特点，增强展园的互动性与趣味性。

水景雕塑：运用冷雾喷泉技术，配合蓝色渐变铺装，形成水雾朦胧的感觉，亦真亦幻，如临仙境，心旷神怡。

赛事展墙：利用特色景观挡墙成功处理场地高差难题。景墙采用石材与镜面不锈钢相结合的形式，介绍国内外公路自行车赛事的发展历史，通过环邢台国际公路自行车赛事风采的展示，成为邢台全民健身、绿色出行的宣传窗口。

悦动星空：由一组星空伞组成，星空伞上部设计源自五角星的形状，下部采用艺术化的自行车齿轮坐凳，运用艺术设计构型及光影变化，形成给人以活力星空感觉的景观装置。

创意空间：主要由自行车配件地雕、自行车构型的互动游乐设施、自行车齿轮坐凳等景观雕塑小品及广场铺装组成。小齿轮转动大世界，自行车运动的背后是自行车产业的蓬勃发展。

科技创新是关键，邢台园通过创新设计，借由自行车零部件元素，以景观艺术化手法展现了邢台的自行车文化产业。

绿色出行 逐梦邢台
花梦园
邢台

邢台园
绿色出行 逐梦邢台

辛集·鹿鸣墨韵

XINJI · LUMINGMOYUN GARDEN

设计单位：北京中国风景园林规划设计研究中心

建设单位：辛集市住房和城乡建设局

监理单位：河北千至工程项目管理有限公司

施工单位：河北新万景建设集团有限公司

地勘单位：河北鑫拓工程勘察设计有限公司

开工时间：2020年4月12日

竣工时间：2020年7月31日

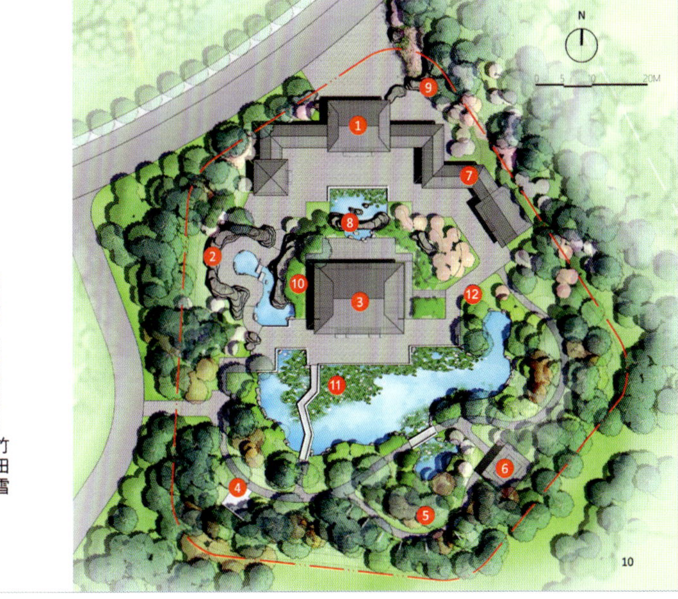

辛集展园北临齐村水库，南侧是涧沟村。展园规划用地总面积 7000m^2，呈五边形，北高南低，总体高差约 2m。

辛集展园设计以“诗画束鹿”为主题，以“唐风雅韵”为总体设计风格，建设融合传统园林风貌特征和辛集特色文化的城市展园，以“长安画派”为核心的辛集绘画文化为设计元素，思考辛集孕育知名画家的文化渊源和精神内涵，融合展示辛集的城市文化和精神特征，用山水与绘画艺术赋予展园辛集精神和园林精品风采，使之最终成为展现辛集的一张景观文化名片。

园区在景观空间布局上，分为北部亭廊院落和南部山水园林两部分，以环路组织园内交通。全园水系形式多样，包括潭、溪、湖、池，将建筑和园林景观融合在一起，形成生动多样的园区景观。

园内建筑以唐代长安建筑为摹本，中央主体建筑“长安画院”位于全园核心地区，东北侧连廊半环抱园区，另有“吼虹亭”于园区南部。总建筑面积 595 ㎡。

从唐代风格的门区进入，步入长廊正式进入展园。前行穿过假山相夹的步道，前方豁然开朗，回望主体建筑“长安画院”，并由此展开全园诗情画意和园林融合的景观游览。全园设计有“东方欲晓”“长安画院”“大地回春”“富丽河山”“回望云峰”“束鹿诗廊”等 6 个融合长安画派文化展示与园林景观意境的节点。

在陈列内涵上，重点展示以辛集籍画家赵望云为核心的“长安画派”先贤名人和相关绘画文化，以“长安画派先贤”和“辛集绘画”两个主题展，彰显辛集市深厚的绘画文化以及辛集人的精神特质。

“从兹画史中，长留束鹿赵”，通过整个展园游览让游客进一步了解以辛集籍画家赵望云为核心的“长安画派”，以及孕育长安画派的辛集紧跟时代步伐、不断创新、追求卓越的城市精神。

辛集园欢迎您

定州·悦音园

DINGZHOU · YUEYIN GARDEN

设计单位：北京易景道景观设计工程有限公司

建设单位：定州市城市管理综合行政执法局

监理单位：河北冀通工程建设监理有限公司

施工单位：河北万木鸿霖园林绿化工程有限公司

地勘单位：河北鑫拓工程勘察设计有限公司

开工时间：2020年3月24日

竣工时间：2020年7月31日

定州园，名为“悦音园”，占地 7500 ㎡，东西长约 100m，南北长约 75m，场地地势较为平坦。展园位于两条内部车行道的交汇处，紧邻堤坝，西北侧为清渠如许景区。展园北侧、南侧、东侧三面环水，地理位置十分优越。

定州园分别选取了西汉时期定州音乐家李延年的《延年歌—佳人曲》、北宋时期定州知州苏轼的《插秧歌》和当今定州“人民艺术家”张寒辉先生创作的《松花江上》三首名曲为展园设计载体。

设计风格上，展园以新中式为主。“堆山理水”、以小见大，览万千山水于胸中。结合古乐五音“宫、商、角、徵、羽”设置了“隐、礼、情、澜、义”等五重礼遇景观节点，并按时间轴以《延年歌—佳人曲》作为入口。

入口设计，运用画卷意向，结合叠水瀑布及镜面水，穿过两侧有乐器

雕塑的拱桥进入秉礼堂，给人一种步入画卷的体验。主大门的主立面为山脉造型，正立面景墙结合了月洞门、李夫人像和展园名称。院落的台阶和别致的座椅可供游客欣赏佳人小隐院落以及芳草和竹林的美景。

穿过秉礼堂，一幅“曲水流觞”图展现在眼前，涌泉和跳泉的结合更是满足了游客的听觉享受，不但可以“赏画”，还可以“听画”。听雨轩是以《插秧歌》作为内部主景“情、澜”的景观承载，轩的顶部进行了镂空设计，并配以水幕帘，形成丰富的“听雨”效果。

从东坡堂向东南观望，远处的听雨轩、溪流叠水、花田尽收眼底，生动地还原了东坡先生下乡巡访时观望到农民在插秧时唱“插秧歌”的场景。“曲桥理水”形成一大一小、一高一低两个水面，邻水设置寒晖榭。榭内部放置了竖笛形态的音乐装置，旋转按钮，会有悠扬的乐曲从竖笛中放出，增加了游览的趣味性。

以《松花江上》作为序幕“义”的景观承载，与大石寒松、雪浪石月的造型相辅相成，意境悠远。

出口的园路形态结合了东汉青玉龙螭衔环谷纹璧进行设计，更加完美地点缀了定州文化。

特色景观

FEATURED LANDSCAPES

浮光揽月

LANDSCAPE OF FUGUANGLANYUE

浮光揽月是整个园区的中心景观湖，也是园博园内最大的人工湖。南接主入口，东接邯郸园及山水邯郸，西接地市园及工业遗址园，北接青山画卷。

铺装广场区连接周边各景点，是核心区的主要交通联系区。整体铺装采用流线型肌理，流畅的铺装肌理交织出种植带。

中心湖区为缓坡入水人工湖，湖边设置了两条相互交错、高低错落的亲水木栈道。主栈道亲水侧放置了 5 处单体景观盒，整体呈现云卷的形式，每个单体为连续曲面造型，实现结构与功能的融合，并通过变截面设计，隐藏结构厚度，将地板一墙面一座椅 3 种不同的界面功能融为一体，并将排水组织、灯光照明隐藏其中。蜿蜒的主路和支路相互交织，时而分开时而会和，游人穿梭其中，产生不同空间的体验。水中还设计两处水秀看台，分别靠近工业遗址园及青山画卷，可在开园期间观看水秀表演。

青山画卷

LANDSCAPE OF QINGSHANHUAJUAN

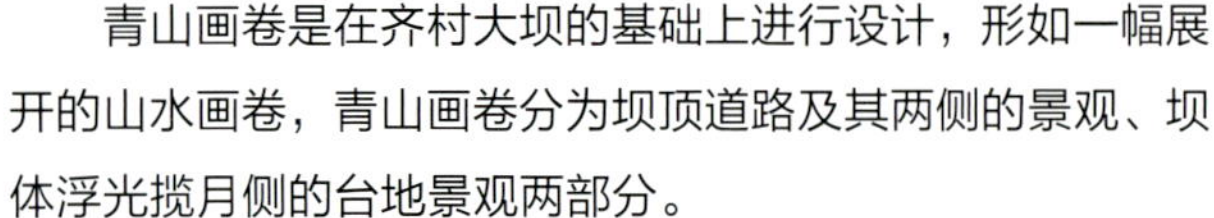

青山画卷是在齐村大坝的基础上进行设计，形如一幅展开的山水画卷，青山画卷分为坝顶道路及其两侧的景观、坝体浮光揽月侧的台地景观两部分。

东侧（台地侧）1 条游步道连接青山画卷台地区及堤顶路，堤顶路西侧（湿地侧）的大坝木栈道，3 组道路之间的种植池呈不规则多边形，高低错落有致。种植池表面呈倾斜状，变化丰富，将原有的防浪墙和花箱相结合，将功能与美观融为一体。北侧位于大坝和山水邯郸之间的大块区域设计以景观地形和景观种植为主，有多条游步道穿行其间。3 个景观盒与步道相连，驻足于此，美景尽收眼底。

台地区由大坝向浮光揽月逐级降低，游步道间以踏步相连，花台之上架设 7 处单体景观盒，每个都有独立的景观，抬步而上处处皆景。

青山画卷共有 10 个单体景观盒，景观盒整体呈现云卷的形式，将功能与美观融为一体。

山水邯郸

工业遗址园

INDUSTRIAL HERITAGE GARDEN

工业遗址园是对现状工业遗址的保留及再利用，前身为一座矿粉厂，其大型工业架构、储藏桶、研磨机都被保留下来，并设计成一处休憩广场。

整个园区为面积 10500m^2 的开放式休憩广场，供游客停留休息。东北方向为展园主入口，紧邻浮光揽月铺装广场；西侧及南侧为次入口，与园区主路相接；北侧及东南侧则紧邻地市园。

场地中有两个圆柱形水泥罐，也是场地制高点。圆罐的西侧为厂房骨架，被设计成一处服务建筑，提供餐饮及咖啡服务。广场沿用水泥罐的圆形肌理，利用场地高差设置上升与下沉的空间作为休憩活动空间。

休憩活动场地共 6 处：第一处为圆形围栏场地，供游客休憩娱乐；第二处为东侧的活动场地；第三处为圆台状看台，北半边为等宽踏步，南侧为花岗岩；第四处为两圆形拼接场地，北部的圆形场地为喷泉广场，南侧为台地铺装广场，西侧由踏步与主广场相接，东侧为一处弧形围栏挡墙；第五处为最大的一处圆形活动场地，内部为圆形下沉草坪广场，外围为台阶看台连接草坪与外部广场；第六处呈环形布置，中间为绿地，从上到下排列组合而成。

工业遗址园

QUARRY GARDEN

矿坑花园
Quarry Garden

矿坑花园是以矿坑修复为理念，将一处人工采石场的矿坑改造成下沉式景观。

花园整体呈高差约 6m 的盆地。场地分两层交通系统，矿坑侧壁为下沉式台地花田和自然式坡地景观。场地中心有 3 个景观水池，分别代表了矿坑修复的 3 个阶段：基底恢复、植被修复和生境修复。

“悬桥”位于第二阶段与第三阶段水池之间，由两部分构成：连接云涧拾芳主路的人行栈桥及悬挂于人行栈桥之下的全景盒子“悬盒”。云涧拾芳共有 4 个景观盒：两个单体景观盒和两个复合景观盒，整体呈现云卷的形式，将排水组织、灯光照明隐藏其中，将功能与美观融为一体。

涧沟陈展馆

JIANGOU EXHIBITION HALL

涧沟陈展馆是一座半地下的两层建筑，主入口位于地下一层西侧的下沉广场内。用于引导人流，下沉庭院实现了建筑与景观的相互融合，丰富了游览体验。

景观总体分为三大部分：西侧的台地区，中部的下沉庭院区以及东部的建筑中庭区。台地区的主要功能为化解巨大高差、连接南入口广场及下沉庭院、将人流从南入口广场引入涧沟博物馆。下沉庭院由广场铺装、绿化种植池及水景构成。水池共两处，南北两侧各一处。东部的建筑中庭区选用和下沉庭院相同的设计理念，富有变化的铺装与建筑风格相呼应。

绿色夏兴
山水邯郸
城邑之雄
荣耀百年

清渠如许

LANDSCAPE OF QINGQURUXU

清渠如许效法“梯田”处理竖向落差和坡地关系，利用表潜流交替的净化原理引入城市中水从山顶层层跌落、下渗、瀑氧，最终净化为更纯净更清澈的景观水系。

清渠如许入口广场与南入口广场相连接，延续线性设计语言。整个广场长约 100m，中间大块条状绿地直通净化梯田。广场入口处的景观水景、中心绿地上花岗岩景石呈长条状间隔排列。“清渠如许” 4 个大字置于花岗岩上，标牌前的涌泉增加了场地的活力。广场两侧沿铺装边缘设置条形坐凳，外侧种植刚竹林，营造了幽静的氛围。

梯田状人工湿地净化山，山体高约 15m。梯田状湿地净化池按照湿地净化流程以表流湿地、潜流湿地交替布置，湿地植物的种植保证了净化功能，梯田里的水经过净化汇入 5 条带状湿地泡中。

清渠如许山顶有一座环形连廊，为清渠如许制高点，近可鸟瞰整个园区，远可观望邯郸城区。连廊由两条螺旋上升的栈桥组成，中庭为水景庭院，深浅砾石的环形铺装宛如水滴波纹，清且涟漪，随着阳光的变化，清风徐影，光波粼粼。

芳草寻鹤

LANDSCAPE OF FANGCAOXUNHE

芳草寻鹤由齐村水库改造而成。水库西侧为沁河汇入口，中部为大片景观湿地，北侧为溢洪道输元河，东侧为齐村大坝。

水库西侧和南侧为亲水栈道，栈道东侧与齐村大坝相连，西北侧与芳草寻鹤栈桥相连，为游客观赏湿地、亲近自然提供了便利场所。

水库西侧和北侧的梦泽桥，犹如一条梦幻的白色丝带漂浮于湖泽之上。东起观光农业展示园，沿芳草寻鹤西北沿岸环行至汉墓遗址园，中部向西跨过南水北调干渠通往沁河上游，实现园博园多维交通，为游人带来丰富的游览体验。

梦泽飞虹

LANDSCAPE OF MENGZEFEIHONG

梦泽飞虹是一座形态优雅的白色栈桥。桥体设计采用现代景观艺术设计手法，以景观雕塑的形态在湖面和栖岛之间穿过，成为西湖水库北侧的视觉焦点，勾起游人对彼岸远景的向往。

由于园区的中部被沁河、西湖水库和溢洪道隔开，修建了一条全长约 1.5km、从水库北侧边缘“划过”的多功能栈桥，使园区内部可以形成一条完整的主交通环线。

梦泽虹桥的宽度能满足步行交通和电瓶车同行的要求。设计采用了“合一分一合”式的桥上空间模式，在 3 个主入口处加宽桥面，满足步行和车行同时上桥之后，随即将步行空间拆分出来，顺着桥的形态和周边景观做变化，高可远眺湖景，低可观鸟亲水，让原本略为单调的行程变为一次独特、多样的慢行体验。

方案在桥的立面设计上根据桥形的走向通过外挂铝板形状和栏杆的渐变呈现起伏变化的细节，在保持整体感的前提下，让桥的侧面从视觉上显得更加轻薄，制造出桥在水上漂浮的灵动感觉，再通过灯光变化勾勒出桥身的婀娜，让夜间的梦泽虹桥更加虚幻动人。

梦泽虹桥独特的空间形态设计向桥梁的结构提出了新的要求。栈桥的支撑系统不仅要随桥板的高低起伏变化，在两个桥体分合衔接处还需同时满足结构共享时的承载和美观。为此设计提出了两套不同的结构支撑方案，并根据栈桥的最终形态选择了更简单、更灵活的结构形式，为工程的落地和最终的视觉效果提供了保障。

印塔夕照

LANDSCAPE OF YINTAXIZHAO

印塔夕照作为邯郸园博园中的制高点，总共分为7层，塔高27.6m，其中1~6层层高3.3m，第7层层高6.6m。设计力求用创新的手法体现邯郸的城市精神与文化内涵。

方案通过“雕刻”的手法在塔身上展现虚实相间的肌理，使其像一枚传统印章一般矗立在园博园的山水之间。塔身立面呼应小篆中“邯郸”二字的基本笔画，展现出场地的文化内涵。塔心为红色，与浅灰色的外立面形成强烈对比，增加了印塔的视觉冲击力，配合夜景灯光，塑造出印塔通透、鲜明的形象。

为了使设计理念落地，达到浑然天成的艺术效果，外立面的处理至关重要。通过对各种材料和可能性的综合判断，设计最终选择了预制混凝土挂板作为外饰面。挂板材料采用可回收废料二次加工而成，在节约成本的同时体现了环保低碳的建筑理念。挂板在异地进行精确预制，通过工厂设备将电脑中的3D曲线形体准确落实，再运到现场进行组合安装。

邯郸印塔虽然是一个尺度相对小的景观建筑，但在整体结构上借鉴了高层建筑的设计原理，即以一个塔身“核心筒”为基础，支撑起各层楼板和立面挂板。核心筒内部设置了一部电梯，方便游人直接登塔，同时还能缩小塔身截面面积，使其从视觉比例和承重体量上都能满足设计要求。这样的设计可以将塔中的停留空间保持在外侧，让登塔的人在每一层都能享受到360°无阻碍的观景体验。

母子公园

PARK FOR MOTHER AND CHILDREN

母子公园是园区亲子活动场地。设计理念是由以一条“S”形廊架串联整个场地，针对不同年龄段儿童的行为规划和活动特征进行设计。廊架内部设计两处母婴室，满足喂奶、储物、儿童厕所等功能。

水滴广场针对 0~2 岁的幼童及其家长设计。场地呈圆形，圆形的中心为种植池。4 个小圆和外围大圆之间的空地种植了丰富的植被起到了遮阳作用。水系及旱喷广场针对 3~4 岁儿童设计，主要提供玩水、亲水、喷泉互动等功能。旱滑广场针对 5~6 岁的儿童设计，整体呈长圆形，场地分为内外两部分，外部为环形长廊攀爬，内部是儿童滑板场及蹦床种植广场。茂林活动广场针对 11~12 岁的大龄儿童设计。

场地的最东侧为景观小火车区，此处保留了原始的地形，景观小火车可在高低起伏的自然地形中穿梭。

观光农业展示园

SIGHTSEEING AGRICULTURE EXHIBITION GARDEN

观光农业展示园是以农田改造为基础的生产性景观，设计保留农田肌理现状，让游客在游览观光的同时又能了解农耕文明。

农业展示园北侧是高度为 27.6m 的邯郸塔，是园博会的制高点。

观光平台是 5 条道路的交汇处，起着重要的交通转换和短暂休憩的作用。

农业展示园栈道上有一处观景平台，呈“凹”字形，通过精心设计，用最少的笔墨来实现基本功能，并保证美的体验。

ZHUMENG GARDEN

逐梦园主要展现邯郸梦文化。梦文化为邯郸十大文化脉系之一，因此邯郸也被称为“美梦之乡”。通过展示梦的 5 个阶段——波动、专注、平静、探索和光明，并运用镜面不锈钢、镜面大理石、玻璃等材料的反射、折射来营造一种梦幻、沉静的状态，用以诠释邯郸的梦文化。

逐梦园所处位置比北广场高出 8m 左右，因此依形就势，在地形的起伏中划出一条狭长的通廊——梦廊，并串联 5 个空间场地，自北向南分别代表了梦的 5 个阶段。

第一阶段：波动。一条长长的嵌入式甬道，两侧是仿清水混凝土挡土墙，空间变得狭窄，光线变得黑暗，心里会有一种波动不安感。

第二阶段：专注。双眼和身体开始适应这狭窄的空间后，借由天窗空洞的光亮慢慢平静下来，开始专注于欣赏两边墙上的变化。

第三阶段：平衡。相对敞开的 800m^2 的空间，是一个正方形的静水面景观水池，由中心的三角形观景台为原点向外侧的墙面发散。

第四阶段：探索。场地中央一个以清水混凝土和玻璃为主要材料设计的三角形地观景平台，驻足欣赏，四周因反射和水雾带来的奇幻景象，仿佛置身于梦境一般。

第五阶段：光明。从折射中看到无数个自己，营造出丰富的空间变化和一种瞬间见到光明的情绪体验，紧扣了展园“光明”的主题。

醉香园

ZUIXIANG GARDEN

醉香园展现的是另一项邯郸非物质文化遗产——贞元增酒传统酿造工艺。醉香园以贞元增酒酿造工艺为主题，隐喻出古人利用大地智慧的古老农业文化。

醉香园整体为椭圆形，主要由螺旋步道、红糯米高粱种植池、圆形踏步及椭圆形酒香喷雾广场等构成。步道两侧有锈红耐候钢板挡墙；步道外侧有一处文化展示墙，用镂空雕刻来展示邯郸酒文化的酿酒工艺，并配有工艺介绍文字；步道内侧为红糯米高粱种植池。酒香喷雾广场是一个由碎石和灰瓦立砌相间铺成圆环状的广场，中央有 3 个圆环状喷雾装置带，喷出带着酒香的水雾，让人仿佛置身于酿酒现场一般。

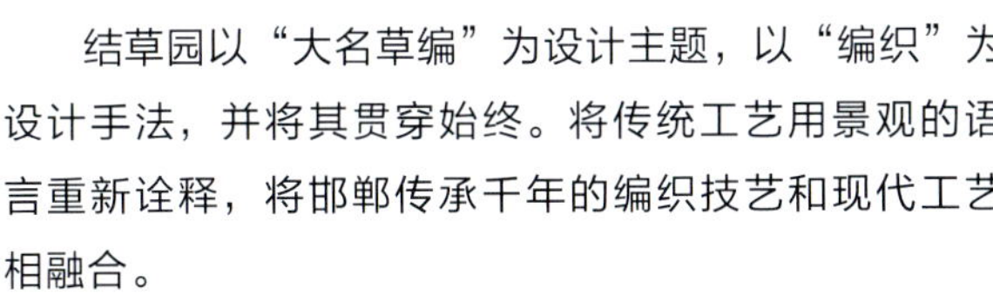

结草园 JIECAO GARDEN

结草园以“大名草编”为设计主题，以“编织”为设计手法，并将其贯穿始终。将传统工艺用景观的语言重新诠释，将邯郸传承千年的编织技艺和现代工艺相融合。

结草园以一条丝带状的藤编廊架作为主体，两侧由藤编墙构成，上面有方形的不规则开洞，可看到廊架外面围合而成的绿地空间。场地每一块绿地都种有当地常见的编织用植物品种。在带状廊架的巨大拐弯处设计了两座构筑物，采用轻钢结构搭建框架，用特殊的编织手法展示出邯郸编织工艺的特色纹理，起到遮阴及文化展示的作用。

展园中的坐凳与构筑物相呼应，既可展现传统纹饰的镂空通透，同时也可满足游客休憩的需求。

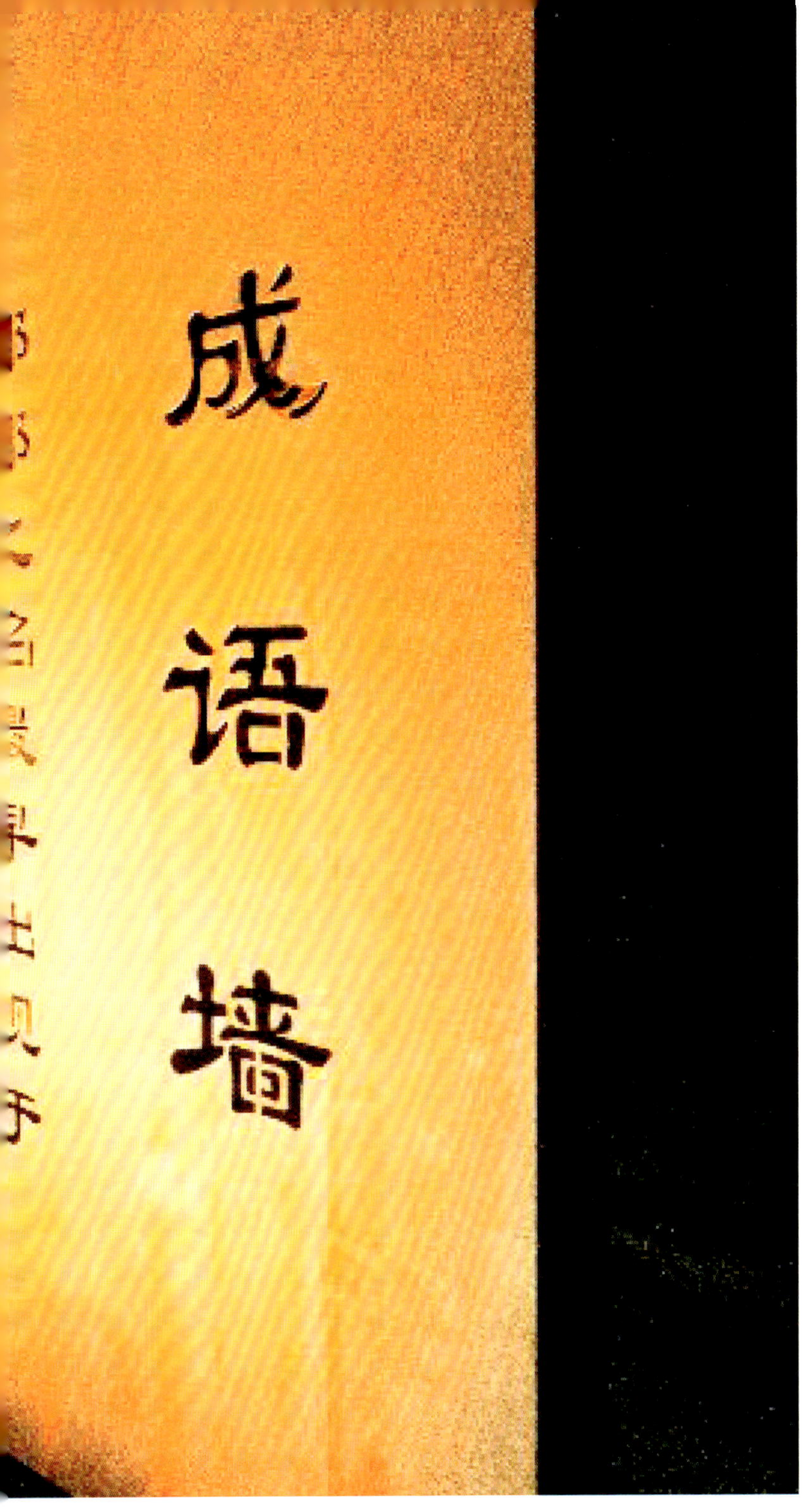

诗词园

SHICI GARDEN

诗词园是文化园中最大的一个园，也是位于南侧的最后一个园，展现的是邯郸千年的成语典故文化。园区以战国至魏晋时期的书写材料“竹简”为设计元素，整个园区如竹简的书卷在水面上缓缓展开，呈现出邯郸千年的成语历史。

西侧种植着大片的竹林，营造着一种于竹林静谧处体验邯郸文化的惬意感。东侧是一整面成语墙，竖向刻着精选成语，夜晚灯光会将成语点亮，视觉效果更加震撼。

青砖墙上刻着各种诗词成语，青砖墙和混凝土栈道将场地分成若干个小空间，种植着崂峪苔草、粉黛乱子草、细叶麦冬等观赏草。栈道旁的座椅随着栈道形状而变化，供游人休息，座椅后还种植了片竹，荫翳蔽日。